[美] 大卫 · 卢曼　著
廖俊棋　秦子川　译

青岛出版集团 | 青岛出版社

图书在版编目(CIP)数据

侏罗纪世界. 假如你在“侏罗纪”/（美）大卫·卢曼著；廖俊棋，秦子川译. —青岛：青岛出版社，2022.5

ISBN 978-7-5552-2109-8

Ⅰ.①侏… Ⅱ.①大… ②廖… ③秦… ④廖… Ⅲ.①恐龙—儿童读物 Ⅳ.①Q915.864-49

中国版本图书馆CIP数据核字（2021）第237339号

ZHULUOJI SHIJIE：JIARU NI ZAI “ZHULUOJI”

书　　名　侏罗纪世界：假如你在“侏罗纪”

著　　者　[美] 大卫·卢曼

译　　者　廖俊棋　秦子川

出版发行　青岛出版社

社　　址　青岛市崂山区海尔路182号

本社网址　http：//www.qdpub.com

邮购电话　18613853563　0532-68068091

策　　划　马克刚　贺　林

责任编辑　金　汶

特约编辑　顾　静　孙语冰

装帧设计　千　千　王晶璎

印　　刷　天津联城印刷有限公司

出版日期　2022年5月第1版　2024年5月第3次印刷

开　　本　32开（787mm × 1092mm）

印　　张　2.5

字　　数　90千

书　　号　ISBN 978-7-5552-2109-8

定　　价　49.80元

编校印装质量、盗版监督服务电话　4006532017　0532-68068050

目录

机密文件

寄件人： 克莱尔·迪尔林（恐龙保护组织）

收件人： 团队新成员

机密等级： 绝密

亲爱的队员：

我们的任务是在火山爆发前从努布拉岛将恐龙救出。此项任务至关重要，但同时也极度危险。我们并不知道火山何时会爆发，因此必须速战速决。由于时间紧迫，我会尽量说得简洁一些。如果语气不够礼貌，希望你不要介意。

为了确保你的生命安全，请务必认真阅读以下资料。请注意，这些资料都属于高度机密。未来这些资料可能对于关心这些动物命运的人很有价值，但现在，请你确保绝不把这些资料泄露给其他人。

这些资料收集得有些匆忙，因为此任务是直到最后一刻才组织起来的。我已尽可能收集所有相关资料。团队的另外几位成员对这份资料提供了宝贵的意见，这在资料中

也会有所体现。

在飞行时，你会有足够的时间来阅读这些资料，所以我强烈建议你熟读以下内容。

感谢你参与这项危险但重要的任务。

希望我们都能平安归来！

欧文：

虽然我知道你比我们任何人都更有遭遇恐龙后逃生的经验，但我觉得你还是需要看一眼这些资料。

谢谢！

克莱尔

我们要去哪里？

这是努布拉岛的地图。这里曾经是一个主题乐园——侏罗纪世界的所在地。如你所见，火山在岛的北端。鉴于火山随时可能会爆发，我们要尽可能远离那里！

我们的小组计划沿着主街穿过陀螺球车峡谷，之后到达无线电塔下的一处堡垒。到那里后，我会用手印连上乐园的恐龙追踪系统，这样我们就能定位并营救剩下的恐龙。

那次不幸的事件过去好几年了，园区内发生了许多变化。这些年来，恐龙在岛上四处游荡，荒草丛生，风暴也时来侵袭，所以我对这个地图的准确性不大有把握。你最好只把这个地图当成参考。

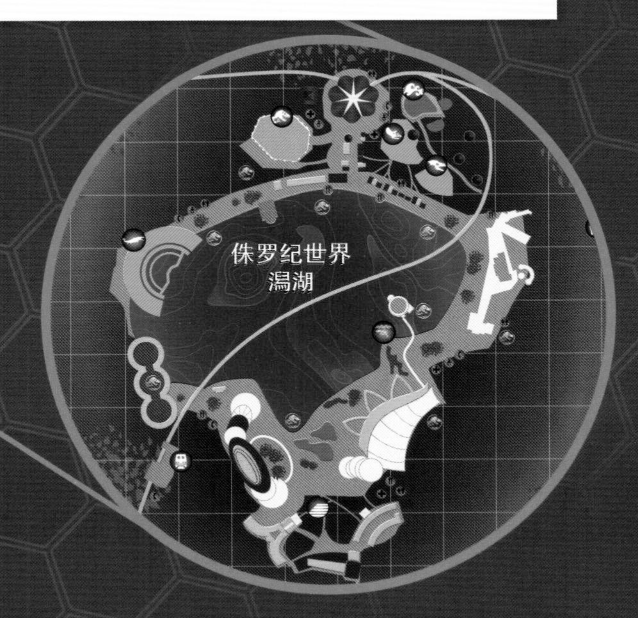

任务背景

请查看并牢记以下时间线，里面包含一些里程碑事件，有助于你理解此次任务。在努布拉岛执行任务期间，你会发现这些信息非常重要。

1984年： 约翰·帕克·哈蒙德博士和他的国际基因科技公司利用保存在琥珀中的DNA成功克隆出首个史前动物。他的这次伟大科研成就的幕后合作伙伴是慈善家本杰明·洛克伍德。

1986年：国际基因科技公司成功克隆出的第一只恐龙是三角龙，地点位于哥斯达黎加海岸附近的索纳岛。在最初阶段，科学家们还难以辨认出琥珀里的DNA是属于哪种生物的，但后续实验（尤其是吴亨利博士的贡献）成功解决了这个问题。

1988年：约翰·哈蒙德提拔吴亨利博士为公司首席遗传学家，并在同样位于哥斯达黎加海岸周边的努布拉岛建造侏罗纪公园。同年晚些时候，他们把长大的克隆动物由出生地索纳岛转移到努布拉岛的侏罗纪公园。这些动物在公园竣工前被安置在临时围栏中。

1992年：侏罗纪公园的管理员罗伯特·马尔登发现，迅猛龙的种群展现出高度的集体智慧，会通过合作及协调分工来解决问题。

1993年：约翰·哈蒙德带着他的孙子孙女及专家团队（包括混沌学理论权威伊恩·马尔科姆博士、古植物学家爱莉·塞特勒博士和古生物学家亚伦·葛兰特博士）来到侏罗纪公园，进行开业前的游览路线视察。

在这个团队游览期间，一场热带风暴袭击了该岛，让恐龙得以突破电网，一只霸王龙和多只迅猛龙逃脱。令人痛心的是，许多人因此丧命，而开园的计划也立刻被取消。调查员怀疑这起悲剧是由一名或多名侏罗纪公园的员工直接或间接造成的，但真相可能永远不会为人所知。

牺牲名单

律师：唐纳德·金纳罗（被霸王龙杀死）

计算机程序员：丹尼斯·纳德利（被双冠龙杀死）

管理员：罗伯特·马尔登（被迅猛龙杀死）

首席工程师：罗伊·阿默德（被迅猛龙杀死）

1994年：吴亨利博士回到努布拉岛上的侏罗纪公园，协助清理、清点岛上的恐龙。

1997年：在哈蒙德的侄子——彼得·勒德洛的带领下，国际基因科技公司从索纳岛捕捉恐龙，为在美国圣迭戈规划的侏罗纪公园储备恐龙。

牺牲名单

工程师：埃迪·卡尔（被霸王龙杀死）
恐龙专家：罗伯特·伯克（被霸王龙杀死）
猎手：迪特尔·斯塔克（被美颌龙杀死）

2015年：吴博士逃离努布拉岛，许多人认为他带走了基因材料，并在别的地方继续进行研究；维克·霍斯金斯企图利用迅猛龙作为军事武器，却被一只迅猛龙杀死；暴虐霸王龙被沧龙所杀；侏罗纪世界关园并被废弃，许多种类的恐龙自此游荡在努布拉岛。

为了这个世界，
希望他没这么干。
克莱尔

牺牲名单

企业家：西蒙·马斯拉尼（死于无齿翼龙造成的直升机坠毁）

行政助理：萨拉（被无齿翼龙及沧龙杀死）

安保专家：维克·霍斯金斯（被迅猛龙杀死）

自从侏罗纪世界关园后

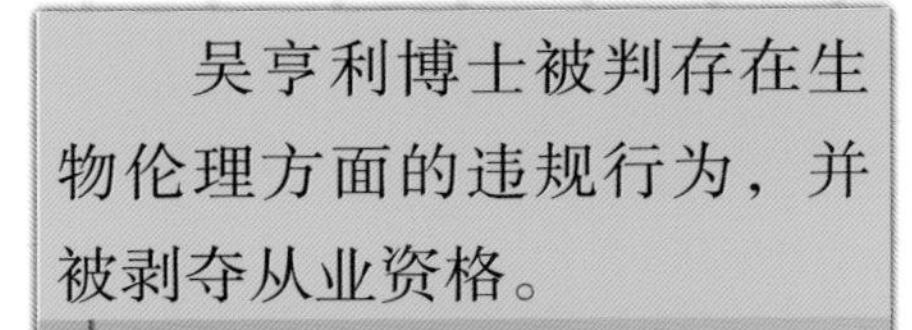

吴亨利博士被判存在生物伦理方面的违规行为，并被剥夺从业资格。

这对吴亨利博士这种人来说肯定没有太大影响。他肯定会找到利欲熏心的人来资助他的研究。

乔亚

努布拉岛的长期休眠火山开始频繁活动，可能随时会爆发并杀死岛上的所有恐龙。

恐龙保护组织

为了拯救这些生物，人们成立了“恐龙保护组织”。

慈善家本杰明·洛克伍德坦陈自己是约翰·哈蒙德的长期幕后合作伙伴。

洛克伍德资助了我们此次努布拉岛的救援行动。他的助手伊莱·米尔斯负责调度运输工具和工作人员，确保恐龙安全转移到洛克伍德建造的避难所。

为完成这项任务，该计划召集了下列成员：欧文·格雷迪、齐亚·罗德里格兹、富兰克林·韦伯、克莱尔·迪尔林。

人员档案

欧文·格雷迪

稍后我会把你介绍给其他新队员，但在这之前，让我先带你熟悉一下团队的老成员。在岛上我们就是你的家人，你的生命掌握在我们手中，我们的生命也掌握在你的手中。

欧文·格雷迪是我们团队的动物行为学家，我们仰赖欧文的专业意见来把恐龙运到洛克伍德的岛上避难所。他特别了解迅猛龙布鲁。在布鲁刚孵化出来时，它就见到欧文，因此产生了印随行为（译者注：指生物诞生后会紧紧跟随第一眼所见的移动物体，将其当成母亲）。欧文和布鲁之间有着历史上前所未见的特殊情谊。

欧文是退役海军军官。他在海军服役期间曾从事许多秘密动物训练计划，包括███、巨型███、█████及基因改良后有着锋利牙齿的███。

抱歉，克莱尔，
这些属于机密。
欧文

2012年，维克·霍斯金斯聘请欧文为国际基因科技公司的综合行为迅猛龙智慧研究项目工作。在这3年间，欧文致力于研究努布拉岛上的迅猛龙，观察它们是否能接受训练、学会合群。

2013年，欧文警告霍斯金斯，迅猛龙的群体流动性非常复杂。两年后，霍斯金斯被迅猛龙杀死。

我确实警告过他了。

欧文

2015年，欧文在阻止暴虐霸王龙和营救侏罗纪世界工作人员（包括我）这两方面起到关键作用。

如果你有任何关于在努布拉岛上如何生存的问题，欧文肯定是回答问题的最佳人选。但是，别告诉他是我说的，否则他又要得意忘形了。

人员档案

克莱尔·迪尔林

克莱尔不知道我把她的经历写在这里，希望你可以保密。

乔亚

克莱尔·迪尔林是在马斯拉尼公司成长起来的。她从实习生做起，后来晋升为侏罗纪世界的运营经理。她的专长是为乐园拉企业赞助。虽然马斯拉尼公司的口碑不大好，但我相信你肯定听说过她在侏罗纪世界拯救她侄子们的英勇事迹。那可是在好几个月里占据各大媒体头条的新闻热点。

经历了2015年在乐园发生的那场灾难后，为了考虑今后的方向，克莱尔沉寂了一段时间。她对企业界的幻想破灭，因此不想再为只关心利润的团体工作。她创立了恐龙保护组织，那是一个致力于拯救被困在努布拉岛上动物的非营利组织。当得知岛上的火山随时可能爆发后，该小组的任务变得紧迫起来。

几天前，克莱尔同意参加努布拉岛的任务，愿意协助拯救恐龙，并将它们运送到洛克伍德先生建立的恐龙避难所，以使恐龙远离火山和人类的威胁。

克莱尔在侏罗纪世界的多年工作经验让她对努布拉岛有着深刻的了解。不过更为重要的是，作为一名幸存者，她不仅爱惜自己的生命，也同样关心团队的安全。

克莱尔的生存诀窍： 当所有方法都失灵时——跑！

人员档案

齐亚·罗德里格兹

齐亚·罗德里格兹是我们团队的古生物兽医，是为恐龙提供医疗保障的专家。如果你好奇世界上是否真的存在这种职业，答案是肯定的，而且齐亚很擅长这份工作。

克莱尔，
谢谢你！
齐亚

齐亚的参与对这项任务来说至关重要，因为我们不知道努布拉岛上的恐龙在无人看管的3年中健康状况如何。齐亚将负责监管对危险恐龙的麻醉工作，以确保安全运输。

对于我们执行任务期间出现的任何紧急医疗情况，齐亚将全权负责。请听从她的指挥并予以协助。如果齐亚看起来有些不耐烦，那只是因为她对拯救这些美丽的生物充满热忱，并深知我们任务的紧迫性和重要性。

欧文，你要
特别注意这一点！
克莱尔

齐亚的生存诀窍：相信你自己。你的内心可能才是你最大的敌人!

人员档案

富兰克林·韦伯

富兰克林·韦伯是我们团队的系统架构师。（他不喜欢被称为“电脑宅”，所以请不要这样称呼富兰克林。）

富兰克林毕业于著名的美国麻省理工学院，在构建和维护复杂的计算机体系架构方面技术高超，并在必要时能入侵计算机的安全系统。他加入恐龙保护组织，并成为组织的社交媒体协调员。

如果你在这次任务中遇到任何技术障碍，别忘了我们有富兰克林。

说真的，我可不只是一个社交媒体协调员。
富兰克林

富兰克林的生存诀窍： 永远别当这种任务的志愿者。

可能会遇到的古生物

腕龙
长21.5米，高12.4米
霸王龙
长13.5米，高5.2米
迷惑龙
长27.4米，高6.1米
剑龙
长10.1米，高5米
沧龙
长21.9米

克莱尔让我加入这张图表，这样方便我们比较在努布拉岛上可能遇到的古生物的大小。注意：科学家们把一些恐龙制造得比它们真实的祖先还要大。

希亚

迅猛龙

布鲁

血液样本

样本01 样本02 样本03 样本04 样本05 样本06 样本07

假如布鲁还活着，它将是唯一幸存的迅猛龙。它从出生起就开始接受欧文的训练。从幼年期起，布鲁就展现出惊人的智慧和共情能力（至少对欧文是这样）。

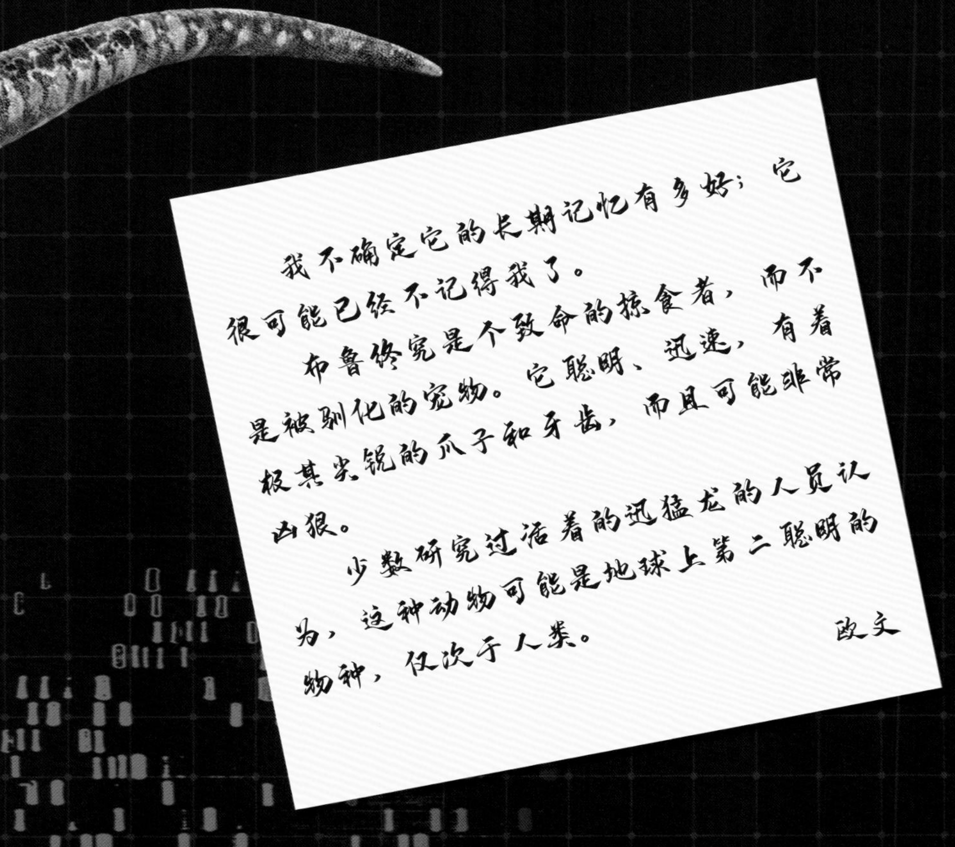

我不确定它的长期记忆有多好；它很可能已经不记得我了。

布鲁终究是个致命的掠食者，而不是被驯化的宠物。它聪明、迅速，有着极其尖锐的爪子和牙齿，而且可能非常凶狠。

少数研究过活着的迅猛龙的人员认为，这种动物可能是地球上第二聪明的物种，仅次于人类。

欧文

物种：迅猛龙（学名：伶盗龙）

名称含义：迅捷的掠夺者

身长：3.9米

鉴别特征：沿着脊柱两侧长有蓝色的长条纹，其中一条从眼睛延伸到尾巴末端。

致命特点：长而有力的前肢，锋利、可伸缩的镰刀状钩爪，尖锐、致命的牙齿，强壮的尾巴。

技能：能嗅出千米外猎物的踪迹；能进行社会分工和群体捕猎；有出众的速度及跳跃能力。

X 光//00000001

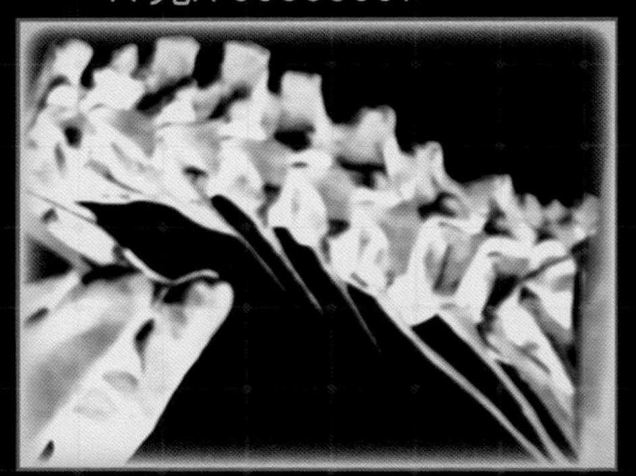

X 光//00000002

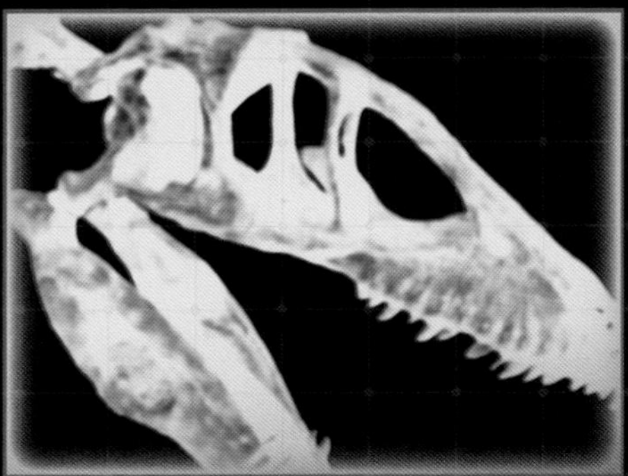

欧文提示

一定要待在开阔的地方，不要待在杂草丛生的野地。

一定不要背对布鲁。

一定要待在我身后——我是领队。

一定不要以为你能骗过布鲁。它比你想得聪明得多。

一定要转移它的注意力（如果可能的话）。可以使用牛肉干或死老鼠。

一定不要用你还没学过的手势。

交给我！我可是专家。

欧文

沧龙

沧龙不是恐龙。它是食肉的海生爬行动物。

最近一次目击记录显示，这只沧龙已经从侏罗纪世界的围栏中逃脱，目前正在努布拉岛周边的开放水域狩猎。

禁止游泳！

富兰克林

沧龙是目前为止侏罗纪世界制造的体型最庞大的动物。

你不要以为不在水中就是安全的。沧龙会跃出水面，吞食陆地上的猎物，就像在水坑里的鳄鱼一样。

物种：沧龙

身长：21.9米

体重：29吨

致命特点：沿着脊柱长有两列棘刺，嘴巴又大又深，两列牙齿巨大而尖锐，尾巴和4只鳍状肢非常壮硕。

技能：极快的水中速度、出众的跳跃能力和能粉碎猎物的强大咬合力。

欧文提示

一定不要在努布拉岛的任何水域中游泳。

一定不要接近侏罗纪世界潟湖。

一定要尽可能和海滩保持安全距离。

一定不要朝沧龙发射麻醉镖——你只会惹怒它!

霸王龙

冷酷无情的杀戮和掠食“机器”——霸王龙，是这个星球上出现过的最令人闻风丧胆的动物之一。

就我们目前所知，努布拉岛上仅有一只霸王龙，但它是不容忽视的威胁，因此我们要格外小心。在侏罗纪世界被废弃前，它打败了暴虐霸王龙——研究人员专门设计的一只霸王龙的升级版混种恐龙。（当然，霸王龙得到沧龙和欧文的迅猛龙群的些许帮助。）

这只霸王龙曾经杀死过人类，而它作为自然界最具威力的狩猎者，只要有机会就会再次大开杀戒。

物种：霸王龙（学名：暴龙）

名称含义：暴君恐龙

身长：13.5米

体重：8.4吨

鉴别特征： 这只霸王龙在和迅猛龙、暴虐霸王龙战斗后，身上留下了许多伤疤。

致命特点：锋利、厚实、能粉碎骨头的牙齿，壮硕的咬合肌，强壮的后肢，每条手臂上的两个指爪，每条后肢上的3个趾爪，短小、强壮的手臂。

技能： 优于许多恐龙的立体视觉（虽然只能追踪移动的猎物）、敏锐的嗅觉、惊人的速度和压倒性的力量。

血液样本

样本01	样本02	样本03	样本04	样本05
样本06	样本07	样本08	样本09	样本10
样本11	样本12	样本13	样本14	样本15

TR03
解救
恐龙

欧文提示

一定要注意脚下的震动，那可能是它的脚步。

一定不要以为你能跑过它。

一定要用火焰照明棒分散它的注意力。

一定不要挡在它的路上。

一定要爬上非常高且非常稳固的树来躲避它。

剑龙

不要因为剑龙是植食性恐龙就以为它是“吃素的”；它甚至可能会攻击霸王龙。剑龙是一种很强悍的动物，尾巴上有着致命的尖刺，而且它绝不会吝于使用。

剑龙移动迅速。你绝不会希望被它从身上踏过。

物种：剑龙

名称含义：背着屋顶的恐龙

身长：10.1米

体重：3.5吨

鉴别特征：背上有两排很宽的背板，一共有17片。

致命特点：粗壮的脚和强而有力的尾刺。

技能：能以强大的力量及惊人的速度挥动尾巴。

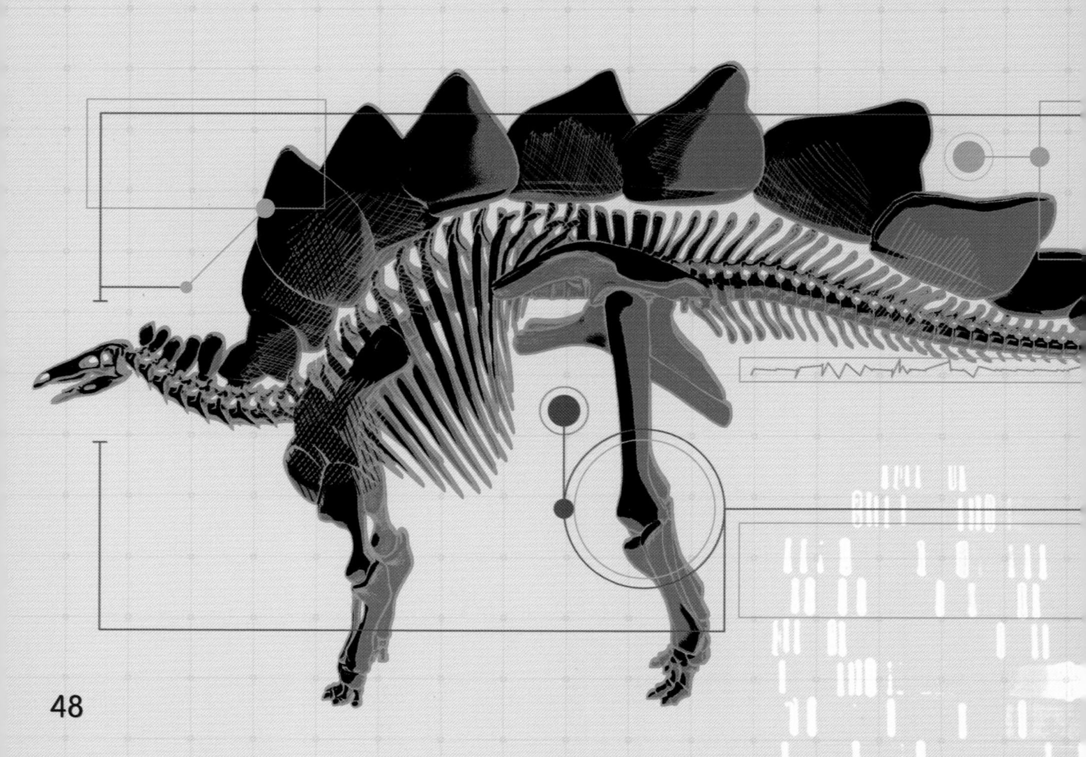

欧文提示

一定不要让你的视线离开它的尾巴。

一定要留意你和它之间的距离，以便在它靠近的时候及时躲起来。

一定不要给它任何伤害你的理由，毕竟它只吃植物。

一定不要以为它的动作很迟缓。

无齿翼龙

无齿翼龙是一种会飞的肉食性爬行动物，有着巨大的翼展且非常危险。它们会列队飞行，就像战斗机的飞行中队一样。

无齿翼龙喜欢成群生活，大多栖息于悬崖峭壁边，因为这样可以让它们展翅时更容易迎风而上。

虽然无齿翼龙没有牙齿，但它们有尖锐的喙和抓握力很强的后肢，可以让它们从地面或水中抓起猎物。

物种：无齿翼龙

名称含义：没牙的有翅膀的生物

翼展：7.5米

体重：25千克

鉴别特征：每个翅膀中间的位置有小小的“手”。头后方有个又长又尖的头冠。

致命特点：又长又尖的喙、可抓握的后肢和强壮的翅膀。

技能：高速滑翔，向猎物猛扑或俯冲，用后肢精准抓握，在地面跳跃。

欧文提示

一定要在看到它投在地面上的影子后马上躲起来。

一定不要在它将你抓离地面后松手。当你离地面很近了再松手。

一定要用鱼来分散它的注意力。

一定要避开它尖锐的喙——它像长矛一样尖锐。

甲龙

甲龙是植食性恐龙，但同样不要因为它是“吃素”的就以为它是无害的。

甲龙就像一辆会走路的坦克，有着巨大且厚重的装甲。它的尾巴就像战锤一样，能准确击中霸王龙等大型恐龙的膝盖。

教你一句记住它英文名字的口诀：甲龙(Ankylosaurus)能让的膝盖(ankles)无比酸疼(sore)！

富兰克

物种：甲龙
名称含义：骨片愈合的恐龙
身长：9.6米
重量：4吨
鉴别特征：背上有铠甲般的骨板。
致命特点：铠甲上突出的尖刺和战锤形状的尾巴。
技能：用尾巴挥击。

欧文提示

一定不要让你的视线离开它的尾巴。

一定要在紧急情况下用蕨类或开花植物（如兰花）来分散它的注意力。

一定不要去惹它。只要你不惹它，它就不会惹你。

一定不要在它身边有幼崽时靠近。

中国角龙

这种植食性恐龙和三角龙属于同一家族，因为它们都有巨大且有防卫性的颈盾。化石记录显示这种恐龙的大脑不是最大的，所以不要期待它能展现出迅猛龙那样的智慧。

物种：中国角龙

名称含义：中国的有角面孔

身长：8.1米

体重：3吨

鉴别特征：头上有巨大的颈盾，颈盾边缘长有许多突出的小刺角。

致命特点：这是一种充满好奇心的动物。它们会不自觉地接近毫无防备的人类。

技能：由于鼻子巨大，它的嗅觉很灵敏。

欧文提示

一定要保持冷静。比起你对它害怕的程度，它对你害怕得更多一些。

一定不要喷太多香水，它在一千多米外就能嗅到你。

一定要在它来闻你或舔你的时候保持不动。它做完这些就会离开的。

美颌龙

“小美”是小型的肉食性恐龙，但别被它的体形给骗了——美颌龙其实非常致命，尤其是它们成群进攻的时候。

物种：美颌龙
名称含义：美丽的颌部
身长：0.77米
体重：0.9千克
鉴别特征：细长的尾巴和小短手。
致命特点：尖锐的牙齿和前后肢上的爪子。
技能：视力良好，行动迅速，牙齿适于撕咬。

欧文提示

一定要给美颌龙群一些小型爬行动物来分散它们的注意力，尤其情况紧急时。

一定不要以为你能跑过它。

一定要站得挺直来威吓它。

一定不要被它的体形蒙骗。成群的“小美”能放倒比人类还大的猎物。

只要你看到一只“小美”，那代表附近一定有更多“小美”。
乔亚

三角龙

三角龙可能是所有植食性恐龙中最危险的一种，不仅能迎战霸王龙，甚至还能取得胜利。它有着植食性恐龙中最大的牙齿，且这些牙齿会不断磨尖并持续更换。三角龙也会极力保护自己的幼崽。

物种：三角龙

名称含义：有三个角的面孔

身长：8.9米

体重：10吨

鉴别特征：头上巨大而坚固的颈盾和又长又尖的尾巴。

致命特点：眼睛上方两根长长的角、鼻子上方的一根短角、巨大的牙齿和陆生植食性动物中最强壮的下颌。

技能：用角顶，用头部撞击，用尖锐的喙啃咬。

欧文提示

一定要远离它的领地，尤其是它的幼崽在它旁边的时候。

一定不要挡在它和幼崽之间。

一定要与它的角保持合适的距离。

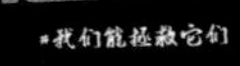

重爪龙

重爪龙是一种可怕的肉食性恐龙。它的牙齿是圆锥状的，而不是其他肉食性恐龙那样的刀片状。这些牙齿上有小锯齿，因此能轻松地从骨头上将肉撕下。

物种：重爪龙

名称含义：沉重的爪子

身长：9.3米

体重：1.7吨

鉴别特征：尾巴和身体一样长，手很短小。

致命特点：巨大的钉状拇指、尖锐的牙齿和鞭状尾巴。

技能：用牙齿撕咬，用爪子撕扯，用尾巴鞭击。

尾巴让它在战斗时能够维持绝佳的平衡。

齐亚

欧文提示

一定要带些火柴——就像所有其他恐龙一样，它也很怕火。

一定不要钻进侏罗纪世界的通道，除非你有办法快速逃脱。

一定不要以为你能跑过它——你跑不过的!

冥河龙

“小冥”不会吃你，但不代表它不会用厚实、坚硬的头部隆起把你撞飞。这种恐龙多数时候很温驯。它喜欢用骨质、圆状的头顶去撞敌人，能把对方撞倒甚至撞伤。它的头后方有很多棘刺，可以让它抵御来自后方的攻击，也能增加它的杀伤力。幸好它的牙齿很小，不然它就太难对付了。

物种：冥河龙
名称含义：来自冥河的恶魔
身长：3.5米
体重：90千克
鉴别特征：圆顶头颅和鼻子上方的短角。
致命特点：特别加厚的头骨和头后方的巨大棘刺。
技能：用头顶和棘刺撞击。

欧文提示

一定要爬到高处来躲避它。
一定要绷紧神经，随时准备闪躲。
一定不要对它吹口哨——它讨厌这样！

食肉牛龙

食肉牛龙是一种恐怖的肉食性恐龙，虽然体形比霸王龙小，但奔跑速度更快。它的眼睛上方有一对突起的角，貌似恶魔。这就是最初吸引我们为乐园克隆它的原因。

食肉牛龙的手臂很短，看起来就像只有手腕。不过，你该担心的不是这个，而是它的牙齿。

物种：食肉牛龙

名称含义：食肉的牛

身长：10.4米

体重：2.2吨

鉴别特征：头上那一对又粗又厚的角和背上疙瘩状的棘刺。

致命特点：又长又尖的牙齿和强健的后肢。

技能：奔跑，猛咬，用角顶、撞。

欧文提示

一定要当心它的爪子。

一定要躲在庞大的障碍物后面。

一定不要尝试打倒它——它的头骨像披了装甲一样!

暴虐霸王龙

暴虐霸王龙是毁掉侏罗纪世界的混种恐龙。它身体的一部分是迅猛龙，另一部分只能说是人类的梦魇。

虽然目前知道的唯一一只暴虐霸王龙已经被沧龙杀死，但也并非不可能有其他暴虐霸王龙在我们没注意到的情况下孵化出来。我们最好能提前预防一下……

物种：暴虐霸王龙

名称含义：狂暴之王

身长：15.2米

体重：7.3吨

鉴别特征：体色苍白，眼睛前面有鼻部凹陷，头顶有棘刺。

致命特点：满是锋利牙齿的巨大的嘴巴和长爪子。

技能：感知辐射热，通过保护色和改变热信号来隐藏自己，拥有高度的智慧和前所未有的绝佳嗅觉。

欧文提示

一定要学会掩盖自己的气味，可用汽油，甚至恐龙粪便。

一定不要因为没看到它，就以为它已经离开了。

一定不要期待迅猛龙会攻击它。

一定不要以为它吃饱了就会停止攻击——它会因为好玩儿而杀戮！

暴虐迅猛龙

寄件人： 富兰克林

收件人： 克莱尔

在为这次任务进行准备时，我偶然在吴博士的旧乐园档案中翻到一些文件（好吧，我承认我是非法入侵的……）。没想到发现了暴虐迅猛龙。这可麻烦了。

这是个令人不安的息。这说明有人正在努力将暴虐霸王龙的遗传物质与迅猛龙的混合。希望他们还没研究成功！

克莱尔

物种：暴虐迅猛龙

名称含义：狂暴的窃贼

身长：7.3米

体重：1吨

鉴别特征：未知

致命特点：迅猛龙的智慧，得到强化的追踪能力、夜间视力和高度灵敏的嗅觉。

技能：可被训练的高智商、锋利的爪子、适于撕裂猎物的牙齿和惊人的速度。

这一定就是吴亨利和霍斯金斯一直研究的……

欧文

别问我怎么对付这玩意儿，我也不知道它到底是什么。

如果这种恐龙真的存在，我建议要像躲避瘟疫一样躲避它——一只长着锋利牙齿的“瘟疫”。

欧文

幕后人物

让我们带你迅速认识这项任务的一些幕后人物。

本杰明·洛克伍德

本杰明·洛克伍德爵士是个慈善家，也是让本次任务得以进行的关键人物。他已年过80，身体逐渐衰弱，但他的雄心不减当年。他的基金会资助了恐龙避难所，让恐龙免于观光客的打扰。

本杰明年轻时，曾和约翰·哈蒙德合作，将恐龙“复活”。最初提取恐龙DNA的实验就是在本杰明的地下实验室进行的，实验室在他和他的孙女梅茜所住的宅邸地下。哈蒙德过世前和本杰明决裂了，详细原因未知。

恐龙也有生存权

伊莱·米尔斯

伊莱·米尔斯从大学时期就开始经营洛克伍德的基金会。

伊莱负责监督将恐龙从努布拉岛安全地转移至避难所的相关事宜。

伊莱是我们所有后勤支持的联络人。后勤支持包括运输、医疗补给、武器等。

伊恩·马尔科姆博士

伊恩·马尔科姆博士是一位数学家，专攻混沌学理论。

约翰·哈蒙德聘请伊恩·马尔科姆博士为顾问，邀请他在侏罗纪公园开园前协助评估其安全性。

伊恩·马尔科姆博士直言不讳地公开表示对克隆恐龙的批评。他最近在美国国会上表示，恐龙就该葬身于努布拉岛的火山爆发。

齐亚，我们要跟马尔柯姆博士联系。我们必须让他回心转意，同意拯救恐龙。

克莱尔

吴亨利博士

吴亨利博士是一名遗传学家，曾经负责为侏罗纪公园及侏罗纪世界制造恐龙。

吴亨利出生于美国俄亥俄州，早期在美国麻省理工学院发表的本科论文获得了一定关注。他拥有遗传学的博士学位。国际基因科技公司于1986年聘请了他。

由于存在生物伦理方面的违规行为，吴亨利博士已被剥夺从业资格。但是，有传言说他正在为私人公司继续研究。

我居然和他毕业于同一所学校!?真讨厌……

富兰克林

最终警告

总的来说，当我们踏上努布拉岛后，一定要谨慎，再谨慎。

即便是最小的恐龙也可能是致命的。这些恐龙是野生动物，而野生动物的习性是难以预测的——就算你从小就认识它们。请假定这些动物都很危险，并根据这条准则行动。

请记住：我们还要在火山随时可能爆发的危险情况下工作。如果在任务期间火山爆发了，我们还要躲避铺天盖地的熔岩、火山灰及大火。

最后，我还要提醒你保持警惕。现场情况可能多变，而我们也要迅速应变。我们要各自照看好身边的伙伴，相互扶持。我相信我们肯定能安全、健康地回家，并为拯救这些美丽的动物而感到自豪。

感谢！

克莱尔·迪尔林